新编 家装设计法则

天花·地面

主编 林林 唐建 都伟

辽宁科学技术出版社
·沈阳·

本书编委会

主　编：林　林　唐　建　都　伟
副主编：陈　岩　林墨飞　于　玲　胡沈健　宋季蓉

图书在版编目（CIP）数据

新编家装设计法则. 天花·地面 / 林林，唐建，都伟主编. —沈阳：辽宁科学技术出版社，2015.4
ISBN 978-7-5381-9134-9

Ⅰ. ①新… Ⅱ. ①林… ②唐… ③都… Ⅲ. ①住宅—顶棚—室内装饰设计—图集 ②住宅—地板—室内装饰设计—图集 Ⅳ. ①TU241-64

中国版本图书馆CIP数据核字（2015）第035874号

出版发行：辽宁科学技术出版社
　　　　　（地址：沈阳市和平区十一纬路29号　邮编：110003）
印 刷 者：沈阳新华印刷厂
经 销 者：各地新华书店
幅面尺寸：215 mm × 285 mm
印　　张：6
字　　数：120千字
出版时间：2015 年 4 月第 1 版
印刷时间：2015 年 4 月第 1 次印刷
责任编辑：于　倩
封面设计：唐一文
版式设计：于　倩
责任校对：李　霞

书　　号：ISBN 978-7-5381-9134-9
定　　价：34.80元

投稿热线：024-23284356　23284369
邮购热线：024-23284502
E-mail：purple6688@126.com
http://www.lnkj.com.cn

前言 Preface

家居装饰是家居室内环境的主要组成部分，它对人的生理和心理健康都有着极其重要的影响。随着我国经济的日益发展，人们对家居装饰的要求也越来越高。如何创造一个温馨、舒适、宁静、优雅的居住环境，已经越来越成为人们关注的焦点。为了提高广大读者对家庭装饰的了解，我们特意编写了这套丛书，希望能对大家的家庭装饰装修提供一些帮助。

本套"新编家装设计法则"丛书包括《玄关·客厅》、《餐厅·卧室·走廊》、《客厅电视背景墙》、《客厅沙发背景墙》、《天花·地面》等5本书。内容主要包括：现代家庭装饰装修所涉及的各个主要空间的室内装饰装修彩色立体效果图和部分实景图片、家居室内装饰设计方法、材料选择、使用知识以及温馨提示等。为了方便大家查阅，我们特意将每本书的图片按照不同的风格进行分类。从欧式风格、现代风格、田园风格、中式风格和混搭风格等方面，对各个空间进行了有针对性的阐述。

天花又称吊顶、顶棚，是指房屋居住环境的顶部装修。简单地说，就是指天花板的装修。天花位于室内空间的最上层，其形象总能在第一时间进入人们的视野中，相比墙面和地面它能够获得更完整、更大的观赏面。同时也是室内空间装饰中最富有变化、引人注目的界面，通过不同的处理，配以灯具造型，能增强空间感染力，使顶面造型丰富多彩、新颖美观。因此，天花在整个居室装饰中占有相当重要的地位，塑造风格独特的天花，不仅能够美化室内装饰环境，而且在提升室内整体的艺术氛围中起着关键性作用。

在现代家居布置中，与天花相对应的是地面，地面也是不容忽视的装修要素，二者无论从风格、材质、造型还是简单的色彩协调性上都是呼应出现的。居室地面的装饰和美化不仅具有提升空间品质，使人精神愉悦的作用，而且还是一个家庭的门面。因此，人们常把地面作为装饰的重点进行精心的设计。

本书正是从大家最关心的天花和地面出发，主要内容包括现代家庭天花和地面设计与装修所涉及的基本概念、设计手法、设计风格以及材料选择，通过效果图和文字解析，一一呈现给读者，并在全书中穿插装饰细节小贴士，以便读者更好地掌握天花和地面的设计要点。希望能够给读者一些专业设计知识，从而为自己和家人打造一个美观、实用、优雅、时尚的天花和地面，营造统一的居室设计风格。

本书以图文并茂的形式来进行内容编排，形成以图片为主、文字为辅的读图性书籍。集知识性、实用性、可读性于一体。内容翔实生动、条理清晰分明，对即将装修和注重居室生活品质的读者具有较高的参考价值和实际的指导意义。

在本书的编写过程中，得到了很多专家、学者和同行以及辽宁科学技术出版社领导、编辑的大力支持，在此致以衷心的感谢！

由于作者水平有限，编写时间又比较仓促，因此缺点和错误在所难免，我们由衷地希望各位读者提出批评并指正。

编者

2015 年春

目录 Contents

天花的造型形式与效果直接影响室内整体的环境风格，对创造室内气氛和提升空间精神内涵方面具有重要作用。

地面是人们从事各种活动的平台，人们在地面上工作、运动、休息，是各类空间环境的基础。因此地面装饰在空间环境中占有很重要的地位。

　　根据不同的使用目的，对地面在水平和垂直方向进行各种各样的分隔和联系。通过图案装饰处理和地面形态处理来为人们提供舒适的空间环境，满足不同的活动需要。

天花篇——家居的装饰主角

天花又称吊顶、顶棚，是室内空间的顶部界面。天花位于居室空间的最上层，所占的实际面积最大，对人的视觉心理有重要影响。

Chapter1　天花说法

天花又称吊顶、顶棚，是室内空间的顶部界面。天花位于居室空间的最上层，所占的实际面积最大，对人的视觉心理有重要影响。天花也是室内空间装饰中最富有变化且引人注目的界面，其透视感较强，通过不同的处理，配以灯具造型能增强空间感染力，使顶面造型丰富多彩，新颖美观。

天花的造型形式与效果直接影响室内整体的环境风格，对创造室内气氛和提升空间精神内涵方面具有重要作用。不管是客厅还是餐厅，吊顶装饰的成功将会使整个装饰效果提升到一个更高的层次。

天花、墙面和地面共同组成了完整的室内空间效果。天花设计要注意三者的协调统一，在统一的基础上具备自身的特色。通过造型形式、光的布置、灯具的选择、材质的应用、色彩的搭配以及设计风格来阐释室内顶棚空间的设计艺术。

设计/小　刚

设计/王　超

◀ 天花、墙面、地面无论在造型的变化、颜色搭配还是材质的组合上都表现为统一的风格，充分考虑使用者视觉和心理的感受。

设计/彭　彪

▲ 简约大气的天花形式将整个客厅笼罩在典雅、奢华的气氛中。

设计/营口爱家装饰

◀ 简约的无吊顶设计搭配中式元素的吊灯和墙线，塑造新中式风格的时尚与大气。

设计/王海兵

设计/章子钧

设计/姬建江

▲ 天花是居室空间中客厅的视觉焦点，采用欧式古典吊顶形式配以豪华水晶灯，在整体沉稳内敛的空间中显示出独特的创意魅力。

设计/匡国亮

设计/池宗泽

▲ 天花的石膏造型通过直线与曲线的对比，使顶棚装饰效果规矩中彰显活泼。

设计 / 杨静平

设计 / 池宗泽

设计 / 郑超群

设计 / 恒浩装饰

▲ 花朵形的天花设计内藏柔和的灯光，以立体感十足的造型为整个居室增添了生机与活力。

▲ 方形吊顶与内藏灯带的组合将构成一个虚拟的视觉屏障，形成一个独立的工作空间。

Chapter2　天花设计手法

1. 设计原则

　　现代居室空间设计既要充分考虑不同类型的业主对高品位的家庭居室环境的需求，又要杜绝设计雷同性的泛滥。现代居室设计的立意、构思，室内风格和环境氛围的创造，需要着眼于对室内整体的考虑，构思巧妙的天花设计，从整体观念上来理解，应该看成是居室设计系列中的"链中一环"。

　　在居室设计的长期实践中，逐步形成了一些天花设计应该遵循的基本原则，目前公认的可以归纳为以下几个主要方面：

　　（1）人本主义原则。居室设计过程中，关键在于要根据客户的需求来决定，客户的需求归根结底就是个性化需求，了解客户需求，搜集掌握第一手资料是设计师进行设计的依据。

　　（2）功能性原则。天花起到遮挡设备层、设置灯饰的功能。随着人们生活水平的提高，对天花吊顶的装饰作用日渐重视起来，已经从原本的实用功能上升到了审美的高度。

　　（3）艺术审美性原则。要先确立整个空间的设计风格，在该风格指导下进行天花设计。当下比较流行的设计风格有欧式、中式、田园式、现代式和混搭式等。

　　（4）整体性原则。在设计天花时，应同时考虑室内墙面尤其是地面的做法，室内要素应统一设计，包括天花造型、颜色、灯光、家具和陈设都要融为一体，而非随着设计师个人意志进行局部设计，因为设计更重要的是将艺术创造性和使用舒适性相融合。

　　（5）考虑灯具的选择与搭配。现代的家庭装修，在选择灯具时已经不仅仅考虑的是它的照明作用，更重要的是巧妙的灯具选用能够装饰整个室内空间，协调了天花和地面由于空间的间隔而产生的差异。

温馨小贴士

天花造型美观兼顾实用

　　有些设计者在设计天花造型时，从美观角度出发惯用凹凸不平的造型，而忽略了实用性原则，这就会给平时清洁带来困难，吊顶成为藏污纳垢之所，从而导致室内环境的污染。

设计 / 鹏珺设计

设计 / 由伟壮

设计 / 陈　斌

▲ 造型独特的吊灯极具装饰性，与空间简约时尚的装修风格相呼应，成为客厅中的点睛之笔。

▲ 波浪形的石膏造型动感十足，紫色的线条与黄色的灯光搭配使居室充满神秘色彩。

▲ 顶部采用悬挂式石膏板造型，图形感极强的天花使简朴素雅的空间多了一分迷人的艺术气息。

▲ 白色方格子吊顶取自传统欧式吊顶，体现简欧风格传统的魅力与时尚的大气。

设计/黎 武

设计/木 森

设计/木 森

设计/王 保

设计/马 飞

▲ 图案繁复的石膏板造型吊顶打破了空间中理性的线条元素，成为整个空间的视觉焦点。

▲ 天花的设计元素要考虑与墙面的呼应，在中式风格的天花与电视背景墙之间寻求一种和谐之美。

2. 造型形式

许多居室由于其自身需求要对顶棚进行特殊处理。因此，选择什么样的吊顶形式需要根据我们房间的实际情况和个人喜好来确定。而一个构思巧妙、适合居室特点的天花不但可以弥补房间的缺点，还可以装点居室的表情。

天花一般有平面式、凹凸式、悬浮式、井格式、自由式等类型。

所谓平面式即天花整体关系基本上是平面的，表面上无明显的凹入和凸起关系，构造简单，外观朴素大方、装饰便利，适用于卫生间、厨房、阳台和玄关等部位，它的艺术感染力主要靠装饰线、图案、色彩和绘画等手法来体现。

凹凸式天花是通过龙骨的高低变化将天棚做成不同的立体造型，也有人称它为分层天花和复式天花。这种天花的应用很普遍，具体做法是把顶部的管线遮挡在天花内，顶面可嵌入筒灯或内藏日光灯，使装修后的顶面形成两个层次，不会产生压抑感。

悬浮式天花是将各种形状的平板、曲面板或其他装饰构件悬吊在天棚上，特点是造型比较灵活，常用于客厅、走廊或局部空间。

井格式天花常利用建筑原有的井字梁进行装饰，在井格的中心和节点处设置灯具，一般适用于客厅，表达稳重、庄严的氛围。

自由式天花体现在形式上的多变性和不定性，比较常用的手法是利用曲面、弧面或扭曲、错落来塑造灵活的天花造型形式。优点是设计者可以任意发挥想象力和创造力，不局限于某一特定的装修风格，是装饰效果很好的顶棚装饰材料。

温馨小贴士

如何利用现有的顶棚结构设计天花造型？

井格式天花可以利用房间原有的井字梁结构制作一种假格梁的顶面造型，配合灯具以及单层或多种装饰线条进行装饰，丰富天花的造型或对居室进行合理分区。

设计/萧爱彬

设计/马巍

▲ 天花的造型设计要考虑与家具的呼应，在圆形的天花与圆形的沙发组合之间强调统一的美感。

设计/萧爱彬

▲ 悬浮式石膏板吊顶与亚克力发光板的巧妙组合，用三角形的图形构成了空间中运动跳跃的元素，使得空间更加错落有致。

设计 / 许志冰

设计 / 由伟壮

设计 / 程伟永

▲ 悬浮式石膏板吊顶内嵌黑镜设计使顶棚产生丰富的层次感，黑镜延伸了空间的视觉高度。

▲ 天花的设计满足了照明功能的同时，优美的造型与整体风格给使用者带来了独特的视觉享受。

设计 / 陈　斌

设计 / 吉恩设计事务所　宋春吉

▶ 整体吊平顶处理创造一个整体化空间，利用家具和陈设打造时尚现代感的家居气质。

设计 / 营口爱家装饰

设计 / 金田伟业

设计 / 张兴红

▲ 走廊的天花设计采用直线与曲线搭配设计，避免了狭长感和沉闷感，显得整个空间活泼而灵动。

设计 / 余小雅

设计 / 刘勇

▲ 藻井式吊顶既可以增加空间高度感觉和改变室内的灯光照明效果，更能塑造中式风格特色。

3. 照明设计

　　当代居室设计中，天花承担着室内照明灯光布置的主要任务。随着人们逐步尝试控制灯光的照明效果，从以基本的照明功能为主转变为运用灯光变色创造室内艺术氛围，使光作为一种设计要素参与到改善空间感、丰富空间层次、赋予空间不同品位的室内设计中来。

　　光对于天花的装饰效果是其他装饰造型或材料都无法匹敌的。在很多家居空间里经常能看到天花上只安置一盏灯具，虽然能照亮整个室内空间，但却极大地抹杀了光源对天花空间的装饰和修饰作用。更重要的是，在设计天花时要注重多种光源的搭配，采用主光源和辅助光源相结合的方式。

　　灯具作为光的载体在塑造室内天花空间的装饰效果上起关键性作用。天花空间常见的灯具种类样式繁多，按照灯具的安装方式分类包括吸顶灯、吊灯、嵌入式和半嵌入式灯。现代家居设计将灯具的照明、装饰和工艺融为一体，在很大程度上影响人们对天花空间的视觉感受，为天花空间带来无尽的活力。

温馨小贴士

怎样用灯光的设置弥补室内采光不足？

　　如果原户型采光不足，装修时可用灯光来弥补。常见的做法是在天花板的四周安置隐藏式光源，光线从天棚折射出来，柔和而舒适，适合于采光不足的客厅。

设计/北京乾图

设计/毛 麁

设计/由伟壮

▲ 水晶吊灯作为客厅的主要光源，独特的造型在白色顶棚的衬托下体现空间高雅的品位与格调。

▲ 设计客厅时采用造型精美的吊灯有序排列，视觉效果极为美观，让灯具成为客厅的视觉中心。

◀ 顶部造型追求奢华典雅的形式感，华美流畅的天花装饰与灯光组合营造出淡雅、舒适的空间。

▲ 水晶吊灯作为主光源，辅以柔和光线的灯带和筒灯，灯光的设计可以增添美观时尚感。

设计/邯郸恩图设计　常晋安

设计/孟红光

设计/林文通

▲ 顶棚筒灯的设计突显了沙发区和电视区，淡黄色的光晕为客厅增添了温馨与祥和之感。

▲ 华丽的水晶吊灯，筒灯和暗藏灯带相得益彰，以不同的形式和色彩的灯光效果起到调节室内气氛的作用。

设计/刘闯

设计/梁醒辉

4. 色彩设计

　　色彩是家居设计的灵魂。在室内设计中，色彩不仅是经济有效的装饰手段，也是最具表现力和感染力的元素。进行室内色彩设计时除了要考虑配色技巧和色彩与室内风格、空间功能之间的关系外，还需要充分重视色彩的自然特性与使用者的生活习惯、色彩喜好等问题。

　　日常生活中使用比较频繁的天花色彩以白色为主，因为白色可以很好地反射光线，最大限度地增加室内的亮度。除此之外，我们也常采用不同颜色的天花来营造房间的不同使用氛围。例如，顶棚使用米色系，可以让房间充满温暖、祥和、融洽的气氛；顶棚使用绿色系，可以让房间充满朝气；顶棚使用红色系，可以让房间充满热烈、喜庆的气氛。因此，只要掌握好色彩对人的心理影响，结合具体的空间功能，就能达到理想的空间环境效果。

温馨小贴士

选择天花颜色的基本法则

　　选择天花颜色的基本法则是天花的颜色不能比地面深，否则很容易有头重脚轻的感觉。另外，可以根据室内空间不同的用途来选择不同的颜色搭配。

设计/黄　军

设计/姜　鑫

▲ 以白色作为背景色，搭配深褐色的实木方柱有序地排列布置，视觉感受清新内敛，突出美式田园风格的室内设计。

设计/营口爱家装饰

◀ 墙面延伸至天花的木饰面色调为室内带来了自然的清香，使客厅空间舒适大方。

设计 / 吴 巍

设计 / 李文斌

设计 / 吕艳杰

设计 / 刘 闯

设计 / 杨志宝

▲ 对称式造型的白色石膏板吊顶会增加居室中竖向空间的延伸效果。

▲ 灯光可以作为调节和改善室内颜色的方法，暗藏的黄色暖光灯带散发出柔和的光线，与白色的天花共同塑造了一个温暖、典雅而舒适的基调。

以柠檬黄为主色调做成高低错落的吊顶，成为整个空间的亮点，为房间增添了热烈和喜庆的气氛。

设计/营口爱家装饰

设计/恒浩装饰

设计/郑超群

设计/金世纪装饰　戚纹光

设计/彭政

▲ 客厅空间利用大面积的金色作为吊顶，搭配一盏水晶吊灯，尽显高贵与奢华的欧式风情。

▲ 木作方格吊顶丰富了顶棚造型，黑白色调的组合使其成为空间吸引人眼球的装饰之一。

Chapter3　天花装饰风格类举

1. 高雅奢华的欧式风格

　　欧式风格的居室天花设计整体格调上以浪漫主义为基础，在天花的布局上很明显地强调了轴线的对称和规则的几何图形，在细节处理上装饰工艺非常地讲究而且精细，使得整个居室显现出一股强烈的高雅奢华的气质和恢宏的气势。欧式风格包括古典欧式风格和现代欧式风格。

　　古典欧式风格在空间上追求连续性，强调形体的变化和层次感。色彩鲜艳，光影变化丰富，追求华丽、高雅。天花设计时，顶棚四周常用带有优美纹饰的石膏线装饰，并且在石膏线上饰以金边，营造华丽高雅的顶棚空间效果。

　　现代欧式风格在保持现代气息的基础上，变换各种形态，选择适宜的材料，再配以适宜的颜色，极力体现"简约风格"。室内格调清新雅致，符合中国人含蓄内敛的审美观念。顶棚空间常做出灯池的造型，再利用一盏精致华丽的水晶吊灯渲染气氛。顶棚边角喜欢用简洁大方的直线条石膏线或木线条代替烦琐弯曲的花纹，颜色多以象牙白为主色调，以浅色为主深色为辅，既保留了欧式风格精致优雅的意蕴，又更加适应现代生活的休闲与轻松。

温馨小贴士

如何表现现代欧式风格的天花？

　　现代欧式风格的天花可以在顶棚的中心或全部绘制天顶画，颜色淡雅柔和，图案运用花卉、树木、人物或抽象题材的现代绘画，力求符合现代人的审美观点。

设计/刘　东

设计/景　尧

设计/景　尧

▲ 搭配大型水晶吊灯与间接照明的方与圆的天花造型，映射出欧式风格的独特。

设计/李诗海

▲ 欧式设计的时尚感常给人一种优雅高贵的感觉，造型简洁大方的天花配以华丽的水晶吊灯，体现复古与现代的交融。

◀ 欧式风格客厅的天花可以用图案的虚实关系和光影变化，让空间的顶部体现三维立体感。

设计/李诗海

设计/张　君

设计/张　君

▲ 居室空间的整体装修风格决定了天花的材料和形式，常在处理客厅等大空间时采用天花和地面相呼应的形式，体现各自不同的风格特征。

设计/张　君

设计/张 君

▲ 利用菱形石膏板吊顶粉饰客厅，体现新古典主义兼容华贵典雅与时尚现代的装修风格。

设计/魏庆喜

设计/李诗海

设计/由伟壮

▲ 现代欧式风格的天花摒弃了烦琐的吊顶形式，取而代之的是简约硬朗的直线形吊顶，表现一种现代人的品位与时尚。

2. 端庄含蓄的中式风格

中式风格是以宫廷建筑为代表的中国古典建筑的室内装饰设计艺术风格，气势恢宏、壮丽华贵，造型讲究对称，装饰材料以木材为主，图案多用龙、凤、龟、狮等，精雕细琢、瑰丽奇巧。中式风格分为传统中式风格和现代中式风格。

传统中式风格是以天花、藻井为代表的中国传统室内顶棚装饰设计风格，造型对称均衡，色彩对比强烈，居室设计以内容丰富、形式多样的传统装饰符号为特色。传统中式风格的天花设计以这些有着丰富文化内涵的纹样符号为元素，运用简化归纳的手法对传统图案进行一定的变化整理，抓住图案的神韵与精华，突出主题强化装饰效果，使其适应现代的空间特点。

现代中式风格又称新中式风格，是在现代的装修风格中融入古典元素，表达出对端庄、含蓄的东方式精神境界的追求。新中式风格的天花主要设计特点是采用对称式的布局方式，造型简朴美观，并在装饰的细节上富于变化，整体上体现中国传统的美学精神。这种风格被都市白领强烈追捧，逐渐形成一种装修的新时尚。

温馨小贴士

天花的隐蔽功能

家庭装修时，选择一个适合的天花形式最基本的目的就是要隐藏居室原有的梁及管道，并从视觉的角度上让空间的高度大致相同，同时还可以解决窗帘盒隐蔽的问题。

设计 / 阁韵空间装饰

设计 / 阁韵空间装饰

设计 / 蚊虫三

▲ 以中国传统元素作为天花造型，整个空间形成质朴厚重的统一色调，体现浓郁的中式风情。

▲ 回字形石膏板造型，着重通过家具、陈设来体现新中式风格简约时尚的设计思想。

▲ 方形与圆形的石膏板吊顶以木质脚线装饰，方与圆的巧妙结合体现传统的东方精神。

▲ 打破走廊空间的平淡冗长，序列感很强的连续吊顶形式配合中式灯饰，追求场所的自然天成之美、精雕细琢的装饰之美。

设计 / 刘闻

设计 / 萧爱彬

▲ 新中式风格的天花设计以白色作为主基色，以传统图案木作造型装饰顶棚，用现代元素表现传统意蕴。

设计 / 马飞

设计 / 王峰

设计 / 刘闻

▲ 圆形的吊顶搭配错落有致的吊灯，适用于空间面积较大的复式空间，创造大气、时尚、典雅的个性室内空间。

▲ 在白色石膏板吊顶上添加简洁的中国纹样装饰，与墙面的中式窗棂相呼应，表达中国传统的文化底蕴。

设计 / 兰海亮

3. 自然惬意的田园风格

　　田园风格是自然风格装修的一种，以回顾自然为设计核心，运用带有农村生活或乡间艺术特色的形式元素为表现手段，体现出自然休闲的田园生活情趣。现代流行的田园风格主要有：英式田园、美式田园、中式田园和法式田园等风格。

　　依据主人的需要和喜好，装修房屋时可选取各种各样的天花装饰手法。英式家居的设计一般以白色、木本色作为经典色彩，天花以原木装饰为主，细部处理崇尚独特的贵族情节。美式田园风格以功能性为出发点，整体搭配以古朴深厚的色调为主，常以木材作为装饰天花的理想材料，利用铁艺吊灯和筒灯照明营造出温馨的家居气氛。中式田园风格的特征是室内多采用"中庸"的布局方式，格调高雅，造型简朴优美，色彩浓重而成熟。在装饰细节上崇尚自然情趣，充分体现中国传统的美学精神。法式田园风格配色大胆鲜艳，设计手法体现兼容并蓄。

温馨小贴士

怎样设计田园风格的天花？

　　进行田园风格设计时可以运用当地原生态的一些材料，利用自然风格的涂料手工涂刷或原木梁、竹子等自然材质做天花造型。

◀ 木条和石膏板的拼贴，结合古老的壁炉和布艺家具，使空间尽显美式乡村的情调。

设计 / 泛设计工作室

设计 / 李永新

设计 / 王　超

▲ 顶棚采用对称式造型，主要以木制品的家具和陈设等共同营造中式田园风。

▲ 天花上的装饰木条表达天然木材的质感，共同构筑美式田园情调，体现主人的品位、爱好和生活价值观。

◀ 白色石膏板井格吊顶点缀鲜亮的蓝色，寓示简朴和谐的法式田园风格。

设计/张思文

设计/刘 洋

▲ 线条简洁的白色天花和精美的壁纸、洗白处理的家具共同构筑法式乡村的优雅生活。

▲ 以木质脚线装饰的石膏板造型吊顶进行有序的分隔，构造出自然舒适的英式乡村风情。

设计/杨璐帆

设计/王海兵

设计/范 轶

4. 简约时尚的现代风格

现代风格即现代主义风格，也称功能主义，追求时尚与潮流，注重居室空间的布局与使用功能的完美结合。

现代风格的顶棚设计追求实用性和灵活性，主张设计中突出功能，废除不必要的装饰，强调形式简单、干净，常以平面形式出现，在形态上注重构成法则的运用，点、线、面的搭配，既丰富了天花造型又保持了整体形式的简约大方。同时，大量新型材料的运用，比如不锈钢、钢化玻璃，也是现代风格天花设计的特点。

温馨小贴士

怎样处理无吊顶装修？

由于城市的住房普遍较低，吊顶后会感到压抑和沉闷，因此顶面不加修饰的装修开始流行起来。无吊顶装修的方法是，顶面做简单的平面造型处理，采用现代的灯饰灯具，配以精致的角线，给人一种轻松自然的怡人感受。

设计/杨 飞

设计/许芳明

设计/杨建国

◀ 回字形吊顶局部利用优美的弧线来处理边缘，整体空间呈现一种丰富多变的视觉感受。

▶ 现代家居流行无吊顶天花，利用墙面优美的线条与顶棚连接，构成造型独特的电视背景墙。

设计/徐 柯

◀ 局部吊顶的形式造型简洁、层次突出，塑造淡雅精致的顶棚空间。

设计/黄 军

设计/贾 元

设计/沙建磊

设计/沙建磊

设计/沙建磊

▲ 在电视背景墙上方做局部吊顶，不仅从视觉上划分了区域，也突出了电视背景墙在客厅中的重要地位。

▲ 天花边缘以木质脚线装饰，与白色石膏板产生色彩与材质的对比，将精致贯穿在空间的各个细节中。

设计/姜 鑫

▶ 现代客厅常做四周吊顶，暗藏柔和的灯带和吊灯交织出光与影的魅力。

设计/唐 韬

设计/陈德敬

设计/付 靖

◀ 只有四只灯杯的小型吊顶造型简洁精美，烘托现代居室空间的优雅气质。

5. 时尚个性的混搭风格

混搭即混合搭配，就是把看似迥然相异的东西合在一起并使之"匹配"。混搭风格讲究的是多种元素的共存，多种风格的兼容。在色彩上讲究多变，采用不同色彩的拼接制造多重变化，增加搭配层次；在造型配置上追求灵活的点、线、面组合；在风格选择上不拘一格，传统符号与流行元素是不可或缺的组成要素。

在设计天花时要与墙面充分配合，统一考虑各要素的特性。有时将壁纸用于天花，使空间更加温馨、柔和；运用软装的纱幔吊搭成波浪形，营造浪漫气氛；也有在天花中间部分使用背漆玻璃，体现强烈的时尚感。有些欧式的设计采用石膏板与壁纸结合，天花四边装饰壁纸，中间做成欧式圆形吊顶。类似上述多种材料结合做成的天花也是现在的一种流行趋势。

设计/粤·辉煌

设计/孙朋辉

温馨小贴士

混搭风格的天花应遵循的设计原则

居住空间的混搭更注重和谐，需要遵循一定的规则。一般来讲，居住空间的和谐混搭有以某种风格为主调的混搭、以某种材质为主调的混搭和色彩基调统一的混搭类型。

设计/王 保

设计/王佘锋

▲ 圆与方的天花搭配和谐统一，装饰效果较好的白色吊灯与吊顶共同构筑独特的欧式风格。

◀ 镂空的吊顶纹样精美，与点、线、面的配合使空间的界面各具特色。

◄ 将对称的石膏板造型与
镂空木雕花格吊顶容纳于
居室顶棚中，呈现折中的
和谐之美。

设计 / 王余锋

设计 / 张思文

设计 / 刘青清

设计 / 朱 涛

设计 / 李 浩

设计/王向华

设计/杨静平

设计/杨静平

▲ 白色石膏板与黑镜的吊顶组合是将不同颜色、不同质地的装饰元素混合在一起，呈现多元、包容的装修风格。

设计/周 鹏

◄ 井格吊顶贴金色壁纸，室内多种颜色的组合丰富了空间的层次感。

Chapter4 天花的材料解析

1. 材料选择

　　装饰装修材料在运用过程中体现了室内空间的实用功能要求、装饰审美要求和整体环境要求。因此在室内顶棚空间的设计要素中，材料也成了不可忽视的重要方面。

　　在选择顶棚装饰材料时，首先，要注重材料的视觉特征，比如金属材料适合表达现代感、时尚性的室内空间；木质、竹藤类的材料体现了一种轻松舒适的空间氛围。其次，从人类的视觉心理需要考虑，顶棚应该选用质轻的材料，因此要注重材料的物理性能、力学特征等，例如石材一类质重的材料一般不适合用于顶棚装饰。另外，还要根据不同的人群来选择材料，比如老年人倾向于色调浓郁的实木吊顶，小孩子喜欢活泼亮丽的异形吊顶，青年人钟爱彰显个性的材料混搭式吊顶。

　　顶棚的装修材料十分广泛，石膏板、PVC塑料扣板、金属、木材和玻璃是装饰效果很好的顶棚装饰材料。

温馨小贴士

天花材料的选择与预算

　　选择什么材料的吊顶，取决于整个家装的设计风格和主人的预算定位。根据居室的功能划分来确定吊顶材料。实木吊顶和金属吊顶造价较高，使用时注意控制装修成本。

▶ 别出心裁地用竹板作为天花的装饰材料，运用原生态的方式来塑造低碳环保的家居氛围。

设计 / 萧爱彬

设计 / 由伟壮

设计 / 程伟永

▲ 色调浓郁的实木条吊顶配以古典雅致的家具和装饰深受中老年人的钟爱。

设计/刘 闻

设计/章子钧

▲ 造型复杂的井格石膏板吊顶产生极强的秩序感和纵深感，有效地延展了顶部的视觉空间。

设计/王 保

设计/柯与陈

▲ 石膏板吊顶内嵌黑镜装饰条，配以墙面上黑色的装饰画，形成时尚简约的现代风格。

设计/房 伟

▲ 传统镂空装饰雕刻花纹木作、精美的红木家具和山水画构筑的中式韵味符合老年人对居室的审美要求。

设计/杨静平

设计/杨志宝

设计/营口爱家装饰

▲ 木作亚克力发光顶工艺考究、款式新颖、图案精美，是体现现代时尚家居的流行元素，深受年轻消费者的青睐。

设计/龙 威

设计/苏 桐

▲ 卫生间顶棚采用黑镜吊顶，反射光能力较好，配合灯光能够营造典雅惬意的氛围。

设计/沈阳山石设计

设计/钟方甲

2. 石膏板

石膏板是目前应用最广泛的一类新型吊顶材料，质轻价低。比较常见的有浇筑石膏装饰板、纸面装饰吸音板和石膏吊顶装饰板。

浇筑石膏装饰板具有质轻、防潮、不变形、防火和阻燃等特性，并有施工便利，加工性能好，可锯、可钉、可刨等优点。主要种类有：各种平板、花纹浮雕板、半穿孔板、全穿孔板、防水板等。花纹浮雕板适用于居室的客厅、卧室、书房的吊顶，防水板多用于厨房和卫生间等湿度较大的场所。

纸面装饰吸音板以纸面石膏板为基板，外表以轻丝网印刷涂料装饰及钻孔处置而成，具有防火、隔音、隔热、抗振动性能好、施工方便等特点。

石膏吊顶装饰板有很多图案，主要有带孔、压花、印花、浮雕等样式，主人可以根据居室的使用功能和个人的喜好来选择。因此，若石膏吊顶板图案、颜色搭配相得益彰，则装修效果美观、新颖，给人以简洁而不失时尚的感觉。

温馨小贴士

市面上常见的石膏板有哪些?

厨房是油烟集聚的区域，石膏板吊顶的防潮性并不是最好，所以不建议用石膏板吊顶。现在市面上用得比较多的是防潮、防火性能好的扣板或者兼顾以上优点并美观便捷的集成吊顶。

设计/贾 元

设计/朱 涛

设计/王 欢

▲ 边缘透光的回字形石膏板吊顶和水晶吊灯的组合与室内整体简约风格和谐统一。

设计 / 李丽娜

◀ 由于使用功能的多样化，不同的吊顶形式可以有效地界定空间，形成较强的归属感和领域性。

设计 / 章子钧

设计 / 宋会杰

▶ 石膏板电视背景墙与吊顶巧妙地融合起来，增强了视觉延伸效果，使得开间不大的客厅显得更为大气。

设计 / 杨荷英

◀ 用造型简单的石膏板吊顶来限定虚拟空间进行场所的划分，再利用内藏柔和的灯光来加强空间感。

设计／王海兵

设计／范 轶

设计／柯与陈

▲ 卧室中异形石膏板造型处理与水晶吊灯中闪耀的光影，为卧室空间平添了几分浪漫与惬意。

▲ 长方形吊顶中做分格处理，简洁大方的造型使整个客厅更具大宅的气势。

设计／恒浩装饰

设计／戚 龙

设计/章子钧

设计/木 森

设计/木 森

▲ 圆形的石膏板吊顶打破了顶棚整体的直线元素，形成了玄关空间的独立区域。

3. PVC 塑料扣板

塑料扣板经济实用，是家装首选的天花材料。它以 PVC 为原料，重量轻，能防水、防潮、防蛀。由于制作过程中加入了阻燃材料，所以使用安全，并且具备耐污染、好清洗、隔音和隔热的良好性能。

PVC 板的花色和图案种类很多，多以素色为主，也有仿花纹、仿大理石纹。其优点是该板材可弯曲、有弹性，遇到一定压力也不会下陷和变形，缺点是耐高温性不佳，长期处于较热的环境中容易变形。常作为厨房、卫生间、阳台等天花的主要材料。

温馨小贴士

选购塑料扣板的窍门

选购 PVC 塑料扣板时，一定要向经销商索要质检报告和产品检测合格证，要挑选拼接整齐、平直、无色差、无变形和无刺鼻气味的扣板。安装时，四周墙角用塑料顶角线扣实，对缝严密，与墙四周相交严密，且缝隙均匀。

设计/李念梅

▲ 卫生间常用 PVC 塑料扣板，简洁的横线条提升了空间的视觉高度。

设计 / 侯恒清

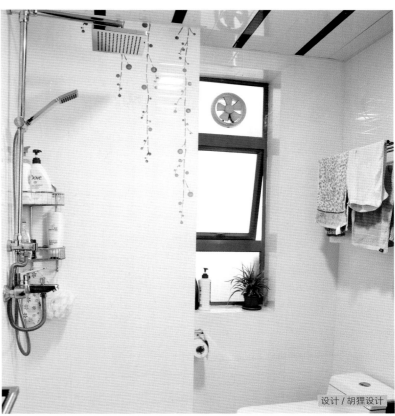

设计 / 胡狸设计

▲ 黑白相间的 PVC 吊顶有效地调剂了卫生间中单一的白色调，呈现出经典的配色效果。

设计 / 王 兵

▲ 素雅的灰色 PVC 吊顶与墙面仿古砖的搭配能够很好地营造出卫生间的古典风格。

设计 / 鞠成巍

设计 / 梵石设计

4. 金属

金属吊顶不仅能够防火、防潮，吸音、隔音，还有独特的抗静电防尘效果。将吊顶功能与完美装饰效果相结合，极富变化的外观和多样的花色选择为使用者打造富有个性的屋顶天空。

金属吊顶的主要原料是铝锰合金或铝镁合金，材料更轻，材质的柔韧性与硬度更好，一些金属吊顶独特的加工工艺更消除了吊顶表面的腐蚀与磨损问题，其吊顶表面的抗腐蚀与抗磨损能力得到非凡的提升。

由金属材料制成的铝扣板吊顶成为厨卫空间顶棚装饰材料中综合性能最好的材料，并且通过工艺加工后有多种颜色和花样，能够在满足功能要求的同时也能起到美化空间的作用。

温馨小贴士

天花安装和图案搭配技巧

比较低矮的房间不能全吊高顶，否则会产生压抑的感觉；吊顶安装的好坏或耐用性，都是取决于辅料的，吊顶的辅料主要有龙骨和边角；图案搭配板材要多听听专家的意见。

设计 /WILLIS（威利斯）设计公司

▲ 集成吊顶是目前流行的卫生间吊顶形式，色彩搭配呈现统一风格，具备很强的装饰效果。

设计 / 澜庭设计

▶ 集成吊顶搭配 LED 集成吊顶面板灯体现整体美观效果。

设计 / 袁 野

设计/厦门创家园设计装饰　林耀明

设计/陆槛槛

▲ 参考卫生间整体色调，可选择与墙面、地面同一色系的铝扣板吊顶颜色，创造出宁静、协调的氛围。

设计/胡狸设计

设计/由伟壮

▲ 一般来说顶面的颜色尽量要比墙面的颜色淡，这样才不会有顶面色块带来压抑感，反而还有一种清新明快的感觉。

设计/星火设计

▲ 铝扣板特殊的色泽和反光性形成内敛的古典金属质感，有效地增加空间的高档感和外观感。

▲ 试图让顶面的压抑感消失，可以选择更加明亮的绿色来搭配。

▲ 各种花色的板与白色的板搭配已经成为金属吊顶产品的主流搭配方案。

5. 木材

天然木材是一种常见的材料，在室内吊顶装饰中应用非常的广泛。木吊顶具有天然木材的自然纹理，天然的木纹具有不规则性，是很好的天然图案。而实木的节疤更是难以复制，比如红木、黄花梨和橡木等。

木吊顶的性质用途适合家居设计，拥有比其他材料突出的优越性，如可锯、可钉、可刨，加工方便；韧性好、可弯曲，可做异形，且有一定的硬度，不易被外力所破坏；密度小，重量轻；高绝缘性，在干燥的情况不导电等优点。但木吊顶也有一定的劣势，如防水、防腐能力差，易变形、翘裂、霉变，易燃等缺点。现在装修行业中出现的生态木吊顶很好地解决了以上问题，它是比原木更环保、节能的新型木材，它具有木材的天然质感，而且可以根据主人需求进行定制。

温馨小贴士

实木天花的适用范围

实木吊顶一般用于客厅和卧室，很少用在卫生间和厨房，因为卫生间比较潮湿，厨房油烟比较大，这些都容易让龙骨变形，所以卫生间和厨房建议用轻钢龙骨、铝扣板或者 PVC 板做吊顶。

设计 / 阁韵空间装饰

设计 / 北京乾图

▲ 读书空间用木条做造型，使原本乏味的空间平添艺术的灵动性。

设计 / 杜 坤

▲ 浅色的木吊顶搭配深色的木条装饰，使整个天花充满动态的视觉变化。

设计 / 阁韵空间装饰

设计 / 程伟永

设计 / 蚊虫三

▲ 斜屋顶的顶棚用木条做造型装饰，因材施艺、就势赋形。

设计 / 北京乾图

设计 / 由伟壮

设计 / 广州域度装饰设计有限公司

▲ 将狭长的走廊装饰成艳丽的绿色木吊顶，大胆的颜色搭配给人不一样的视觉冲击力。

设计 / 姬建江

▲ 石膏板与木条两种材质装饰起来呈现的视觉感非常的独特，又别有一番韵味。

设计 / 厦门创家园设计装饰　林耀明

▲ 客厅选用木饰面装饰天花，实木线装饰，搭配造型独特的吊灯使空间温馨古朴。

设计 / 贾　元

设计 / 导火牛

▲ 卫生间中采用生态木吊顶极具时尚潮流之感，又符合当下追求原始自然的质感。

设计 / 成都龙发装饰有限公司

设计 / 夏璐鑫

6. 玻璃

随着现代新材料和新工艺的不断涌现，玻璃也逐渐成了一种流行的材料被运用在装点居室气氛中。玻璃在光的照射下晶莹剔透、流光溢彩，这种通透的自然魅力、千变万化的色彩感和流动感使整个房间充满生气。玻璃吊顶可以利用玻璃的透光性和对光的折射作用，运用磨砂玻璃、有色玻璃等来营造透光不透明的效果，达到设计空间层次、制造光影变化的目的。

现代时尚居室设计中，镜子作为玻璃的一种也被用于顶棚空间，通过反射能够丰富顶棚空间的景深感，加强空间的立体效果，特别是在一些狭小、低矮的房间内使用，能使空间比实际高大许多。比如在餐厅顶棚安装灰蓝色的镜子吊顶，通过镜子反射拉伸空间高度，丰富顶棚空间的视觉效果；并搭配一盏精美的吊顶，提升室内空间亮度，增加空间的光影变化。

温馨小贴士

如何选择玻璃天花的规格？

玻璃吊顶规格的选择应根据居室面积的大小、墙壁、地面及家具的色彩、图案等方面综合考虑，以求配合得当，给人以美的畅想。

设计 /WILLIS（威利斯）设计公司

设计 / 许志冰

▲ 顶棚的黑镜使家具的色彩发射其上，形成一幅优美的抽象画。

设计 / 由伟壮

▲ 客厅天花的镜子饰面以规则的长方形居多，玻璃材质的选用柔化了空间的整体氛围。

设计 / 易文韬

▲ 卫生间利用镜子吊顶来增加空间的延展性与通透感，兼具美观性与时尚感。

设计 / 张 君

设计 / 由伟壮

设计 / 代文强

▲ 石膏板内侧用镜面做装饰条处理，提亮了客厅的整个空间。

设计 / 王海兵

▲ 镜面装饰用于走廊的顶棚，产生强烈的视觉导向性，使空间更加明亮通透。

设计 / 刘 闯

设计/张兆阳

设计/鹏瑶设计

▲ 以镜子作为装饰天花的主材，增强空间的立体效果，创造出华丽的质感。

设计/鸿艺源设计

设计/鞠成巍

设计/王 兵

设计/寇佳男

▲ 餐厅的黑镜吊顶采用与餐厅背景墙相呼应的形式进行设计，形成一个相对独立且完整的空间。

▲ 黑色镜子拼贴的几何图案与整体居室的风格和色彩有机地融合在一起。

地面篇——家居的缤纷艺术

地面是人们从事各种活动的平台，人们在地面上工作、运动、休息，是各类空间环境的基础。因此地面装饰在空间环境中占有很重要的地位。

Chapter5 地面说法

地面是人们从事各种活动的平台，人们在地面上工作、运动、休息，是各类空间环境的基础。因此地面装饰在空间环境中占有很重要的地位。在室内装饰中，地面装饰同顶面、墙面构成统一的家居环境，应对整个空间环境中的色彩、功能、艺术形式、文化背景等因素进行综合的处理，以满足人们心理和精神上的需求来创造舒适、安逸、美观的空间环境。

在室内设计风格趋于多元化的今天，作为室内造型元素的地面设计不应只是满足功能的需求，更应充分考虑室内设计的整体风格及其所运用的装饰材料，合理地进行地面的创意设计，达到与室内空间性质和装饰氛围相协调的目的。

设计 / 木 森

▲ 木地板能很好地体现居室的品质，是现代装修常用的地面铺贴方式。

设计 / 梵石设计

▲ 地毯的加入区分了整个地面空间，围合出一个舒适惬意的客厅氛围。

设计 / 池宗泽

设计 / 邯郸恩图设计 常晋安

设计 / 金世纪装饰　高丽丽

设计 / 唐　丹

▲ 浅米色抛光地砖与浅色调的顶棚、墙面共同构造一个明亮洁净的居室环境。

设计 / 朱　涛

设计 / 金世纪装饰　戚纹光

设计 / 王　保

▲ 原木地板的纹路和色彩的变化可以作为居室中的装饰元素，演绎灵动的画面效果。

设计 / 孟红光

设计 / 首俊杰

设计 / 孙 锋

▲ 自然的本色木地板配合时尚现代空间的特点，让人在家中能感受到
浓浓的温馨与惬意。

设计 / 刘玉河

◀ 浅米色地砖从玄
关一直延伸到客厅
使空间连贯一气呵
成。

Chapter6　地面设计手法

1. 设计原则

　　地面设计应做到经济合理、确保安全、适用美观和节能环保。具体有如下三点：

　　（1）在满足主人基本需求的前提下强调功能实用性优先。地面是承受大量活动的界面，所以在选材和使用便利性等方面有较高要求。比如厨房和卫生间的地面以瓷砖为主，优点是防水、耐用，不易受污染，容易清理等。儿童房地面一般选用较软的材料，如木地板、地毯等，确保了一定的安全性，并具有抗磨、耐用等特点。

　　（2）注重整体风格的协调统一。与天花空间的装饰原则一样，地面装饰无论是在选材、颜色、造型，还是效果搭配上都需要参照居室的整体设计风格来确定。如欧式风格、田园风格常选择地砖作为主材料，而中式风格多采用木地板。

　　（3）装饰搭配美观大方。地面作为整个家庭的承载，需要从下至上兼顾室内其他立面尤其是天花的做法，搭配时需要考虑居室内的主导色彩、家具的款式、陈设的样式等要素。在自己所欣赏的审美基调中，加入当今的时尚元素，融合成个人品位，创造出一门居室搭配的艺术。

设计 / 石家庄尚·品设计工作室

设计 / 柯与陈

▲ 欧式风格的地面以地砖为主，局部做拼花造型突出主题性，形式与天花紧密呼应。

◄ 现代欧式居室空间多以抛光地砖铺贴，营造出简欧风格纯净、文雅的崭新面貌。

设计 / 房　伟

设计/杨璐帆

设计/柯与陈

设计/陈中秋

设计/闵工

设计/王向华

▲ 地面利用理石波打线将客厅空间进行围合，设计时可以与天花的造型形式统一考虑。

▲ 竖直条纹的木地板色彩沉稳，符合空间的欧式格调，也延伸了视觉空间。

设计 / 营口爱家装饰

设计 / 李文斌

◀ 木地板选用与墙面和天花相同色系的颜色，可以使室内空间内部一体化。

设计 / 范　轶

设计 / 成都龙发装饰有限公司

▲ 多种色彩搭配的仿古地砖让田园风情显得更加优雅质朴，充满自然的气息。

2. 造型形式

　　根据不同的使用目的，对地面在水平和垂直方向进行各种各样的分隔和联系。通过图案装饰处理和地面形态处理来为人们提供舒适的空间环境，满足不同的活动需要。

　　在居室的入口、中心或趣味部位利用不同颜色的块材拼接，通过几何图形的组合拼装，起到强调地面图案化的装饰效果。装饰图案可以设计成具象的或抽象的两种，其构思立意取决于空间装饰的整体氛围和意向。

　　升抬式地面设计是在室内空间的水平地面上将某个局部或多个局部地面抬高，创造出新的空间领域。升抬式地面设计多见于空间较大的居室环境，但在一般的中小型空间，为了功能分区或创造趣味空间也可以视具体情况做升抬式地面的变化。例如将餐厅地面抬高，与客厅地面有所区别，再通过两者不同的装饰、色彩及家具配置使得该空间在统一中富有变化。

　　下沉式地面设计是将室内空间局部下沉，在统一的空间中产生了一个界限明确、富于变化的独立空间。由于下沉地面比周围低，因此有一种隐蔽感和保护感。常用于塑造一个相对封闭、宁静而私密的休憩小天地。

温馨小贴士

如何设计地面的提升与下沉？

　　无论是升抬式还是下沉式地面设计都要根据房屋的户型和大小来制订方案，小户型中不宜过多设置高低起伏的变化，显得空间缺乏整体性和连贯性且具有一定的安全隐患。

设计/阁韵空间装饰

▲ 深浅搭配的仿古砖拼花地面与整个区域有所区别，制造有趣的会客空间。

设计/刘耀成

设计/北京乾图

◀ 混凝土地面与木地板的混搭，体现后工业时代的个性居室风格。

◀ 棕色仿古地砖打造出地面的质朴感觉，沙发区下方的地砖拼花仿效地毯的功能，分隔出会客区的空间。

设计 / 广州域度装饰设计有限公司

设计 / 萧爱彬

设计 / 杨　坤

设计 / 广州域度装饰设计有限公司

▲ 地面采用图案拼花与周围地面区分，呼应了天花的造型形式，产生空间上下的连续性。

设计 / 杨　坤

▲ 浅色地砖满足客厅的使用功能，与深色家具形成鲜明对比，让现代中式的韵味布满整个空间。

▲ 色彩典雅的实木地板与灰色绒毯的组合，映射出现代客厅空间的大气美感。

◀ 仿古砖特殊的图案产生繁星点点的室内风景，让空间充满生机与活力。

设计 /WILLIS（威利斯）设计公司

设计 / 张　君

3. 色彩设计

选择家居地面装饰材料色彩时，关键是要让材料的特点与空间环境风格相一致。室内整体的空间风格决定空间环境氛围，而这种环境氛围要靠地面装饰材料的色彩来烘托。

人们在日常生活中，空间环境的色彩运用常遵循天花板的颜色宜轻不宜重的原则。而地面与之相反，在地面装饰色彩的选择上往往倾向比较深的颜色，符合"天轻地重"之义。地面装饰色彩不是孤立的，不仅要考虑与顶面、墙面、家具和灯光等色彩的相互关系，还要考虑饰品和点缀物等色彩的关系。在色彩的搭配上既要考虑主人的性格、爱好，还要了解室内各个空间的基本功能需求，从而制订室内地面装饰材料的配色方案，打造一个充满个性时尚的家居环境。

温馨小贴士

地面色彩搭配原则

我们的家里充斥着天花、墙面、家具和陈设的各种颜色，在选择地面颜色时不宜太多，以 2 ~ 4 种颜色为宜。颜色过度使用会降低颜色的整体效果，使空间色彩环境凌乱。

设计 / 王海兵

设计 / 王向华

设计 / 钟方甲

▲ 白色抛光地砖常用于简约风格的地面装饰，简洁的天花、墙面的处理共同构建活泼、明快的室内环境。

▶ 深灰色的仿古地砖搭配中式的家具和陈设，营造古韵悠长的新中式风格。

设计/房 伟

设计/刘青清

设计/尚津泉

▲ 中式风格的家居空间常搭配深色实木地板，体现含蓄与雅致的中国文化神韵。

设计/杨静平

◀ 浅色大理石地面拼接的正方形图案常用于客厅的设计，衬托出空间的奢华气质。

设计 / 郑超群

设计 / 朱 涛

▲ 为了平衡天花和墙体的白色，地板采用了深色，瞬间将居室的气氛沉稳下来。　　▲ 复古色调的地砖为居室的空间风格奠定了华丽古朴的欧式基调。

设计 / 马 飞

设计 / 廉 旭

设计 / 陈晓辉

4. 装饰搭配

在搭配地面时，首先要兼顾空间的整体色彩。最简单的方法是先确立室内的整体色调再略做调整。假设地面装饰采用了和空间一致的白色调的地砖，显得整个空间环境清新明快，但却给人单调的感觉，解决方案是在地面上添加深色地毯做点缀，地面立刻就生动活泼起来。

客厅作为面积最大的空间是整个家庭的中心，也是人们活动最密集的地方，因此地面对耐脏度及易清洁的要求比卧室更高，地砖和复合地板是比较适宜的材料。

卧室的地面装饰常根据不同使用人群来确定，年轻人充满活力、个性突出，可以采用丰富多彩的地砖或木地板拼接组成图案。中老年人往往追求简约而有内涵的生活品质，多选用木地板和地毯。儿童天真活泼、朝气蓬勃，在地面的装饰上可采用木地板或带有卡通图案的地砖点缀。

厨房、卫生间和阳台由于功能的特殊性，需要防潮、防水、防滑、耐腐蚀并便于清洁的地砖作为地面装饰材料。浅色系瓷砖令空间明亮而温馨，深色系瓷砖传达深沉的厚重感，但过分鲜艳耀眼的图案会使空间显得凌乱。

设计 / 胡文波

▲ 地毯具有丰富的图案、绚丽的色彩、多样化的造型，能美化居室环境，体现主人的品位个性。

设计 /WILLIS（威利斯）设计公司

设计 / 郑超群

设计 / 胡文波

▲ 地面与墙面、木门形成统一的"色彩关系"，给空间带来淳朴的自然风。

▲ 地毯的使用缓和了地砖的冰冷感，以软装的方式为整体空间注入新鲜的元素。

▶ 地面铺设白色地砖，以黑色菱形拼花地砖界定用餐区域，是当今年轻人热衷的装修新主张。

▲ 菱形图案的仿古地砖是欧式风格居室中常用的元素，烘托复古的欧式格调。

设计 / 张春开

设计 / 姜 鑫

设计 / 石家庄尚·品设计工作室

▲ 用拼花地砖对浅色地砖进行界定，构成了以客厅为中心的区域划分。

温 馨 小 贴 士

地毯与家具的搭配技巧

地毯的花形可以按家具的款式来配套，使用红木家具，一般选用线条排比对称的规则式花形，显得古朴、典雅；使用组合式家具或新式家具，选购不规则图案的地毯，会让人感到清新、洒脱。

设计 / 刘玉河

Chapter7　地面装饰风格类举

1. 华丽复古的欧式风格

　　欧式风格是很多人喜爱的装修风格，华丽复古之余还有一种别样的情调。目前市场上比较流行的欧式地砖有古罗马地砖、西班牙仿古瓷砖和一些以花卉卷草等图案为主的地砖。

　　瓷砖地面拼花发源于欧洲室内装饰风格，延续了好几个世纪的欧洲装饰艺术并未发生根本性的变化，仍然受到无数人的喜爱并被世界各国争相模仿。因此，一些复杂的地面拼花图案常出现在欧式风格建筑地面装饰中。常用的地面拼图有金字塔图案、地面版图形以及雄狮、飞鹰等图案都是欧式风格设计常见的经典拼花图案，其主要目的是为了体现出居室环境的尊贵与华丽，而且这些精致的地面拼花图案也能起到充实视觉效果的作用。

温馨小贴士

如何选用地面拼花？

　　地面拼花的大小尺寸与形状各有不同，地面拼花的选用需要根据实际情况而定，首先就是要跟装修风格相配合，不然地面拼花没有起到装饰的作用，反而破坏了整个室内装修效果。其次拼花的尺寸和形状也会影响整体感觉，选用尺寸由空间大小来决定。

设计 / 李诗海

设计 / 景 尧

▲ 点缀黑色菱形图案的浅米色地砖与天花的菱形石膏板造型在形式上寻求统一的设计。

设计 / 李诗海

▶ 纹理清晰、色彩相近的菱形理石拼花与墙面和家具的淡雅色调围合成雍容华贵的客厅一角。

设计/铭筑设计

设计/铭筑设计

设计/张 君

设计/张 君

▲ 地砖的拼花以大气简约为主，体现着欧式风格的华美气息。

设计/张 君

▲ 客厅的边界用深色大理石收边，与电视背景墙进行呼应设计，形成独立的空间感受。

设计/刘建民

设计/刘建民

设计/刘建民

设计/刘建民

▲ 浅色石材地面上施以多种图案的拼花设计，与室内家具和陈设相统一，展现新古典主义的欧式风情。

▲ 大面积的地面拼花处理，搭配不同的天花形式是区分空间最有效的方法。

设计/欧建书

2. 典雅传统的中式风格

中式风格常用木地板、竹地板或仿木地板的瓷砖来铺设地面，能较好地与中式家具相吻合。

目前一种以不同色彩和树种的木皮拼接，在木质上呈现或具体或抽象的图案并极具装饰感的拼花地板成为木地板市场的主流。根据结构可分为实木拼花地板、复合拼花地板、多层实木拼花地板。以变幻多彩的花色、精雕细琢的工艺和个性时尚的设计改变地板给人带来的呆板、冷漠的印象。新中式装修多采用对称式的布局方式，格调高雅，造型简朴优美，色彩浓重而成熟，传统雕花风格的拼花地板是表现中式风格的一大装饰。

在演绎典雅中式家装时，若选用单色瓷砖铺设地面，可在客厅或门厅中央加设"龙凤吉祥"、"五福捧寿"等中国传统图案。其中"龙凤吉祥"图案可相对抽象简单为宜，切忌用过多的颜色，有一两种不同于大面积的异色瓷砖拼图即可。

温馨小贴士

怎样选择拼花地板？

在选用拼花地板时宜精不宜多。在面积较大的居室里，可以在客厅的电视柜前、卧室的床前、餐厅正中及玄关等多处设计铺装同一系列的单片和组合拼花地板。对于一些面积较小的居室，铺装单片或一组拼花地板为宜，能够起到画龙点睛的作用。

设计 / 阁韵空间装饰

设计 / 张　君

▲ 采用与整体色调相近的暖色木地板铺地，给人和谐统一、温柔亲切的感受。

设计 / 蚊虫三

设计 / 萧爱彬

▲ 中式风格的地面以实木地板为首选材料，与室内家具和陈设的风格统一考虑。

◀ 选取与天花相似的地板材料，从视觉上构成继承延续性，平衡了空间的视觉中心。

设计/张 君

设计/阁韵空间装饰

▲ 纹理粗犷色彩偏深的地板突出图案的丰富性，与天花和墙面的简约形成对比，活跃了室内环境的整体气氛。

设计/鞠成巍

设计/魏庆喜

设计 / 刘青清

设计 / 沙建磊

▲ 本案重点突出背景墙的装饰效果，用简洁的浅米色地砖实现空间的统一。

▲ 新中式风格打破传统观念，利用地砖作为地面的主要材料，体现传统与现代的融合。

设计 / 厦门创家园设计装饰　林耀明

设计 / 刘青清

设计 / 蔡振伟

◀ 深褐色的实木地板与中式家具、灯具及窗棂造型墙面组合，呈现沉稳内敛的中式特色。

3. 自然简朴的田园风格

一般来说，田园型自然风格的地砖要走仿古路线，时下非常流行的仿古方砖就是不错的选择，这种砖以西班牙和意大利瓷砖为代表。另外，还可选用木纹鲜明、粗犷的木地板或仿天然大理石、仿岩石的地砖等。

色彩在表达田园风格时尤为重要，因为如果不使用色彩就无法把乡村风貌带进室内来。田园风光的各种绿色、秋天树叶的温暖红色，甚至池塘的色彩，无论是用在橱柜、油漆地板还是瓷砖上都能唤起对户外生活的联想，设计成功的乡村风格能够表达出简朴年代的温馨。

在室内居室空间的布局细节设计时，可选用色彩亮丽的小块鹅卵石或雨花石来进行点缀，如在客厅的四周用鹅卵石铺出一条弯弯曲曲的小径来，这种设计比较适合居住在高层住宅的人们，以满足他们对大自然的一种畅想。

温馨小贴士

田园家居风格如何选用仿古地砖？

如果客厅采用暗沉颜色的仿古地砖，那么墙壁最好用与地砖相似的色调，搭配布料柔软的沙发加上棕绒色地毯，更能从整体上烘托出温暖清新的田园家居风情。

▲ 地面选用与墙面壁纸和家具一样的色系，从整体上把握田园风格的特征。

设计/侯学坤

设计/木 森

设计/刘 洋

◀ 酒红色的地板与奢华复古的吊灯、工艺考究的家具一同营造出粗犷豪迈的美式乡村的居室氛围。

设计 / 王 超

设计 / 樊海鑫

▲ 浅色的地砖和淡雅的家具，经过合理的色彩搭配，把客厅变成了时尚而雅致的休闲空间。

设计 / 郭长周

▲ 仿古砖与华美的吊灯、白色的墙壁及雕刻精美的家具与工艺品共同呈现出一幅田园乡村的风景画。

设计 / 孟红光

设计/成都龙发装饰有限公司

深色木地板在颜色和质感上与天花形成对比,与蓝色的组合将人们带入大自然般的地中海风情。

设计/张喆赫

设计/戚 龙

设计/成都龙发装饰有限公司

设计/于海涛

▲ 古朴的仿古砖给居室带来怀旧的氛围,为现代欧式风格的展现起铺垫作用。

4. 时尚混搭的现代风格

在时尚潮流不断冲击下，原本以白色、米色为主的地砖已经慢慢被各种形式的地砖所取代，呈现出截然不同的装饰风格。自然、古朴、典雅、复古，风格各异、流派纷呈的地砖引领着家居装饰不同的流行风格。

现代风格地面铺装的色彩可以采用同种色搭配，使室内空间保持一致的色彩倾向。还可以选择类似色的组合，用若干种在色环上互相接近的颜色，将其明度、彩度等做适当的调节变化，如深绿与浅绿、橘黄与米黄等来铺设。另外，对比色的搭配会产生意想不到的效果，使用互为补色的其中一种为主色，另一种为辅色作为陪衬，并配以简约的家具和陈设，常受到不少年轻人的青睐。

地面铺装的搭配方式

地面铺装要重视居室环境的整体基调，居住空间内地面铺装材料的质感和色彩对室内环境变化也有较大的影响。常用的搭配方式有同一质感、相似质感和对比质感的组合以及同种色、相似色和对比色的组合。

设计/张 君

设计/张 君

▲ 设计时运用不同的地面拼花对区域进行分隔，体现每个局部的独立性和整体的统一性。

设计/许志冰

◀ 仿古做旧地砖与整个环境色调一致，重点区域用拼花突出效果，体现浓厚的地域风情。

设计/张　君

设计/广州域度装饰设计有限公司

▲ 不同图案的大理石拼花分隔出玄关和客厅，在视觉上起到隔断空间的效果。

设计/魏庆喜

设计/张志忠

设计/广州域度装饰设计有限公司

▲ 按照区域的功能性铺设不同的地砖，从视觉角度展开过渡和延续，使地面的设计千变万化。

▲ 不同颜色的地砖采用同种铺设方式，有意营造复杂多变的空间感受。

设计/阁韵空间装饰

设计/张兆阳

设计/周鹏

设计/齐闯

设计/非凡

▲ 以光洁的大理石地砖为主基面，重点区域以拼花图案处理，突出细部设计的主题性。

▲ 客厅与走廊的地砖通过波打线分隔开来，构成了细腻与粗犷的表现形式。

Chapter8 地面的材料解析

. 材料选择

　　首先，可以根据房间的用途选材。一般家庭的客厅、餐厅人流量较多，因此应考虑选择耐磨耐脏、易清除尘垢的地面装饰材料，如木质地板、塑料地板、地毯和石材。卧室应选择隔音性和保温性能好的材料，如木质地板、地毯。厨房、卫生间的地面应选择具有耐腐蚀、耐刷洗和不渗水等性能的材料，如水磨石、瓷砖、马赛克等。

　　其次，选材应考虑地面装饰材料由于本身纹理、密度、硬度的不同，给人带来不同的心理感受。如木材的温暖亲切、石材的坚固厚重、金属的高贵冰冷、纺织材料的舒适柔软，从视觉和心理上都达到良好的艺术效果。

　　另外，在装修过程中应根据家庭经济条件来决定材料品种和档次，量入为出。当前工薪阶层家庭在装饰家庭住宅时普遍选择的材料有复合木地板、抛光砖和化纤地毯等。

　　居室空间的地面铺装材料种类繁多，常见的地面铺装材料可划分为三大类：地板、地砖和地毯。

根据装修档次来规划预算支出

　　装修时常出现预算超标的问题，最主要是在选择装修标准时没有很好地控制。通常根据投资规模可将装修简单分为三个档次：普通装饰、高档装饰和豪华装饰，人们可以依据装修档次来提前规划家庭预算支出。

设计/易 俗

▲ 与天花相比，地面拼花的形式相对简练大方，地砖的色彩和拼贴方式可用来限定和美化空间。

设计/金 戈

◁ 客厅地面以地砖为主材，既满足坚固、耐磨、容易打理的使用功能，又能满足人们对风格和美感的最高要求。

设计/郑超群

设计/闵 工

◀ 家庭用餐空间的地面多选
择地砖，符合耐磨、耐腐蚀、
易清洁的特点。

设计 / 梁醒辉

设计 / 戚 龙

设计 / 李文斌

▲ 脚感舒适的实木地板搭配纯毛地毯是首选，以衬托居室安逸柔
和的气氛。

设计 / 非 凡

设计 / 张思文

设计/鞠成巍

设计/戚 龙

设计/恒浩装饰

▲ 为满足不同使用功能和审美需求，餐厅的地砖拼花与其他区域有所区别，使得地面变得丰富多彩。

设计/刘 闯

◄ 纹理交错、花纹差异明显的实木地板常作为中式风格的最佳搭配。

2. 木地板

　　木地板是一种传统的地面材料。木地板古朴大方、有弹性、行走舒适、美观隔声，是一种较理想的地面装饰材料。 按地板的结构和材料来分，地板一般分为：实木地板、实木复合地板、强化木地板等。

　　实木地板又名原木地板，是用实木直接加工成的地板。地面装修效果最令人满意，它具有树的自然花纹，保温性好，能起到冬暖夏凉的作用，脚感舒适，使用安全，越来越多地被现代家庭选用。

　　实木复合地板具有充分利用自然资源，表面花纹和硬度好，铺装、使用和更换比较方便以及经济实惠的特点，成为目前家庭装修使用量比较大的地面材料。可分为三层实木复合地板、多层实木复合地板、细木工复合地板三大类，在居室装修中多使用三层实木复合地板。

　　强化木地板一般可分为以中、高密度纤维板为基材的强化木地板和以刨花板为基材的强化木地板两大类。强化木地板因为价格便宜、易打理等优点已占得地板市场绝大多数份额。

温馨小贴士

辨别地板是否环保的小窍门

　　辨别地板是否环保的最直观方法就是用起子和锤子把地板从锁扣的地方撬开，让地板基材大面积地裸露出来，然后用鼻子闻，优质地板应该有木头的味道，劣质地板有很强的刺鼻味。

设计 / 徐 柯

▲ 原木地板其独特的自然纹理和颜色给人一种生机勃勃的感受，令人感到温馨和亲切。

设计 / 姜 鑫

设计 / 徐旭俊

▲ 自然纹理的木地板特殊的肌理形式具有很好的装饰效果，给人一种回归自然、返璞归真的感受。

设计 / 恒浩装饰

设计/小 刚

设计/章子钧

▲ 浅色的地板与深咖啡色背景墙形成视觉反差，产生个性十足的装饰效果。

▲ 浅色地板与整体色调的颜色组合不仅可以使空间充满自然韵味，也散发着年轻、时髦的气息。

设计/张 君

设计/姜 鑫

设计/郑超群

▶ 棕色木地板作为地面的主要材料，古朴典雅的材质打造出温馨祥和的居室环境。

设计 / 王五平

设计 / 王汝长

设计 / 姜 鑫

设计 / 君悦设计工作室

▲ 原木色地板增添了温馨和亲切感，深浅交织的花纹地毯让室内的气氛瞬间活跃起来。

设计 / 章子钧

3. 地砖

　　地砖也叫地板砖，用黏土烧制而成。近年来使用地面瓷砖的家庭越来越多，由于瓷砖的规格和样式逐渐增多，具有耐用、方便和美观的特点，因此逐渐成为人们在装修客厅和餐厅，有的甚至装修卧室和书房所选择的地面装饰材料。

　　地砖品种花色多样，按材质可分为釉面砖、抛光砖和玻化砖等。选择地砖的时候要根据实际用途来选用，比如在卫生间和厨房这种湿度较大的地方采用亚光釉面砖，起居室内可用耐磨、强度高的玻化砖。

　　地砖是作为地面装修的主材之一，在很大程度上影响着居室的装修风格。中式风格的居室中使用古色古香的仿古砖，给家以一种淳朴、典雅的气质；表面光滑、简洁大方的玻化砖传递时尚的现代生活品质；花岗岩地砖特有的质感和色调展现了欧式风格端庄典雅、高贵华丽和浓厚的文化气息；用地域风情的陶瓷小花砖来装点厨房和卫生间的地面，演绎田园风情的完美生活。

设计/邯郸恩图设计　常晋安

▲ 传统图案的拼花设计不仅具有极强的装饰性，而且烘托了居室的装修风格。

设计/邯郸恩图设计　常晋安

设计/广州域度装饰设计有限公司

▲ 设计师旨在强调墙面与陈设的亮丽色彩，因此利用深色地面来衬托重点。

设计/金世纪装饰　高丽丽

◀ 仿古砖常用来表达田园乡土气息，柔和的色彩让人仿佛置身于大自然的美景之中。

设计/邯郸恩图设计　常晋安

设计/金世纪装饰　戚纹光

设计/厦门创家园设计装饰　林耀明

设计/金世纪装饰　高丽丽

设计/金世纪装饰　张朝亮

▲ 色彩古朴的大理石拼花地面与吊顶在形式表现上建立了一种联系，设计时需整体考虑。

▲ 抛光浅色地砖是现代居室常用的地面材料，让室内环境更加宽敞明亮。

设计 / 文 岩

设计 / 厦门创家园设计装饰　林耀明

▲ 米色地砖与室内原木家具风格一致，尽显现代人对于返璞归真回归自然的诉求。

▲ 地面与墙面选用同种色系，旨在消除各界面的边界线，加强了整体界面的联系性。

设计 / 刘玉河

设计 / 文 岩

设计 / 刘玉河

4. 地毯

地毯以毛、麻、丝以及人造纤维为主要原料，是地面装饰材料中比较高级的一种。优点是柔软而富有弹性，具有很好的保暖和隔音的性能。

纯毛地毯质地优良、柔软、弹性好、美观高贵，但价格昂贵，且易虫蛀霉变。化纤地毯重量轻、耐磨，富有弹性而脚感舒适，色彩鲜艳，且价格低于纯毛地毯。

地毯按材质分为化纤、混纺、橡胶绒等；按工艺分为手工、无纺、簇绒等。

地毯不仅具有很好的保暖及隔音的性能，还能让人们产生舒适、温馨和柔和的感觉，使整个空间环境更加亲切宜人。地毯的图案和色彩十分丰富，选择地毯时要考虑地毯与室内格调、家具以及陈设的款式和色彩的一致性。地毯作为地面装饰材料与其他装饰材料相比，虽然耐久性差，不容易清洗，但相对容易更换，可以经常使用其色彩来改变空间环境格调。

温馨小贴士

怎样选择好的地毯?

一个好的地毯，必须从视觉、嗅觉和触觉三个方面细心挑选。首先要看地毯表面做工，注意收口是否严密。其次，合格的地毯不会出现很重的化工材料味道。最后用手触摸地毯表面，用力稍微按一下会不会刺手，是否存在掉毛的问题等。

设计/廉旭

设计/WILLIS（威利斯）设计公司

设计/由伟壮

▲ 整体浅色调的居室环境中，在客厅的中心铺设黑色的地毯，避免了在视觉上产生头重脚轻或压顶之感。

▶ 客厅典型的布置形式是一组沙发，加上茶几和地毯围合成的静态的休息空间。

设计/由伟壮

▶ 地毯作为英式乡村风格的客厅中的重要装饰元素，与家具的搭配显示主人的高雅与品位。

设计 / 奉泉装饰

设计 / 邯郸恩图设计 常晋安

▲ 四边用中国传统回字形图案装饰的地毯与仿古砖的搭配，体现中式风格的文化内涵。

设计 / 金世纪装饰 张朝亮

▲ 几何图案的地毯用于客厅空间，不仅与现代家居风格一致，而且柔化了笔直的线条给人带来的冰冷感。

设计 / 由伟壮

设计 / 萧爱彬

设计 / 刘 闯

设计 / 由伟壮

设计 / 郭志刚

设计 / 张喆赫

设计 / 由伟壮

▲ 地毯作为会客区的家饰，不仅美观大方、触感舒适，还能让生硬的地面变得温柔起来，使居室倍感温馨亲和。

VILLISI威利斯门设计公司 001	陈 华 002	吕海宁 003	吕海宁 004	吕海宁 005	王五平 006	王五平 007	王五平 008	王五平 009	杨传光 010
贾峰云 011	吴安生 012	阁韵空间装饰 013	阁韵空间装饰 014	广州域度装饰设计有限公司 015	广州域度装饰设计有限公司 016	广州域度装饰设计有限公司 017	李诗海 018	刘耀成 019	刘耀成 020
铭筑设计 021	铭筑设计 022	魏庆喜 023	魏庆喜 024	蚊虫三 025	蚊虫三 026	蚊虫三 027	萧爱彬 028	由伟壮 029	张 君 030
张 君 031	张 君 032	张 君 033	张 君 034	张 君 035	张 君 036	张 君 037	张 君 038	张志忠 039	张 君 040
张志忠 041	张志忠 042	许志冰 043	苏文武 044	梵石设计 045	毛 毳 046	魏庆喜 047	杨 坤 048	张楗波 049	广州域度装饰设计有限公司 050
广州域度装饰设计有限公司 051	蚊虫三 052	萧爱彬 053	张楗波 054	沈阳实创装饰 055	广州域度装饰设计有限公司 056	李诗海 057	李诗海 058	由伟壮 059	由伟壮 060
由伟壮 061	由伟壮 062	由伟壮 063	由伟壮 064	由伟壮 065	由伟壮 066	由伟壮 067	由伟壮 068	由伟壮 069	由伟壮 070
由伟壮 071	由伟壮 072	由伟壮 073	由伟壮 074	由伟壮 075	由伟壮 076	由伟壮 077	由伟壮 078	由伟壮 079	由伟壮 080
由伟壮 081	由伟壮 082	由伟壮 083	由伟壮 084	代文强 085	奉泉装饰 086	奉泉装饰 087	常晋安 088	常晋安 089	贾建新 090
丛启楠 091	马岩华 092	李 楠 093	刘 闯 094	刘 闯 095	鹏珵设计 096	文 岩 097	徐 柯 098	徐 柯 099	徐 柯 100

杨 飞 101　　杨 飞 102　　杨 飞 103　　杨建国 104　　张喆赫 105　　罗小刚 106　　杨 军 107　　朱 涛 108　　朱 涛 109　　蔡振伟 110

贾 元 111　　兰海亮 112　　李 浩 113　　李丽娜 114　　李丽娜 115　　李倩倩 116　　刘青清 117　　刘青清 118　　龙帮发 119　　龙帮发 120

彭晓波 121　　彭晓波 122　　彭晓波 123　　齐 闯 124　　沙建磊 125　　吴献文 126　　张兆阳 127　　张兆阳 128　　张 政 129　　郑广野 130

钟方甲 131　　钟方甲 132　　非 凡 133　　非 凡 134　　非 凡 135　　非 凡 136　　非 凡 137　　非 凡 138　　付 靖 139　　付 靖 140

恒浩装饰 141　　姜 鑫 142　　姜 鑫 143　　姜 鑫 144　　姜 鑫 145　　姜 鑫 146　　姜 鑫 147　　姜 鑫 148　　姜 鑫 149　　姜 鑫 150

姜 鑫 151　　姜 鑫 152　　金 戈 153　　景 尧 154　　景 尧 155　　景 尧 156　　景 尧 157　　黎 武 158　　黎 武 159　　李忠良 160

孟红光 161　　孟红光 162　　木 森 163　　木 森 164　　木 森 165　　木 森 166　　木 森 167　　木 森 168　　木 森 169　　木 森 170

木 森 171　　木 森 172　　木 森 173　　木 森 174　　木 森 175　　王 保 176　　王 保 177　　王 保 178　　王 保 179　　王 保 180

王 保 181　　王 保 182　　王 超 183　　王 超 184　　王 超 185　　王 超 186　　营口爱家装饰 187　　章子钧 188　　章子钧 189　　陈中秋 190

陈中秋 191　　刘玉河 192　　王海兵 193　　王海兵 194　　谢小龙 195　　谢小龙 196　　谢小龙 197　　徐进超 198　　贾 元 199　　万显波 200